◦◦ 知識繪本館

億萬億顆星星

作者｜塞思·菲斯曼 (Seth Fishman)
繪者｜伊莎貝爾·葛林堡 (Isabel Greenberg)
譯者｜廖珮妤、賴以威

責任編輯｜呂育修
封面設計｜蔚藍鯨
行銷企劃｜陳雅婷

發行人｜殷允芃
創辦人兼執行長｜何琦瑜
總經理｜王玉鳳
總監｜張文婷
副總監｜林欣靜
版權專員｜何晨瑋

出版者｜親子天下股份有限公司
地址｜台北市104建國北路一段96號11樓
電話｜（02）2509-2800　傳真｜（02）2509-2462
網址｜www.parenting.com.tw
讀者服務專線｜（02）2662-0332　週一～週五：09:00~17:30
傳真｜（02）2662-6048　客服信箱｜bill@service.cw.com.tw
法律顧問｜瀛睿兩岸暨創新顧問公司
總經銷｜大和圖書有限公司　電話：（02）8990-2588

出版日期｜2020年1月第一版第一次印行
定價｜320元
書號｜BKKKC133P
ISBN｜978-957-503-534-1（精裝）

訂購服務
親子天下 Shopping｜shopping.parenting.com.tw
海外 · 大量訂購｜parenting@service.cw.com.tw
書香花園｜台北市建國北路二段6巷11號　電話（02）2506-1635
劃撥帳號｜50331356　親子天下股份有限公司

立即購買 >

億萬億顆星星

宇宙這麼多星星，但在某個地方藏著獨一無二的「1」

文 塞思‧菲斯曼　圖 伊莎貝爾‧葛林堡　譯 廖珮妤 賴以威

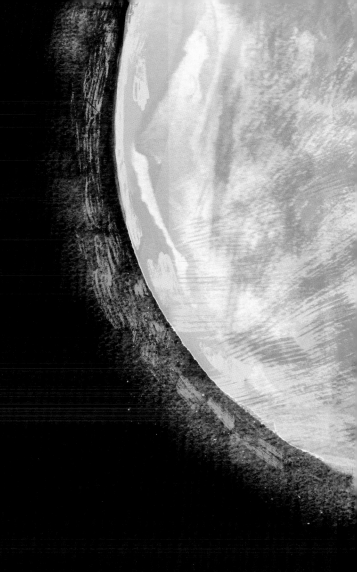

告《訴你《一個《祕密》，

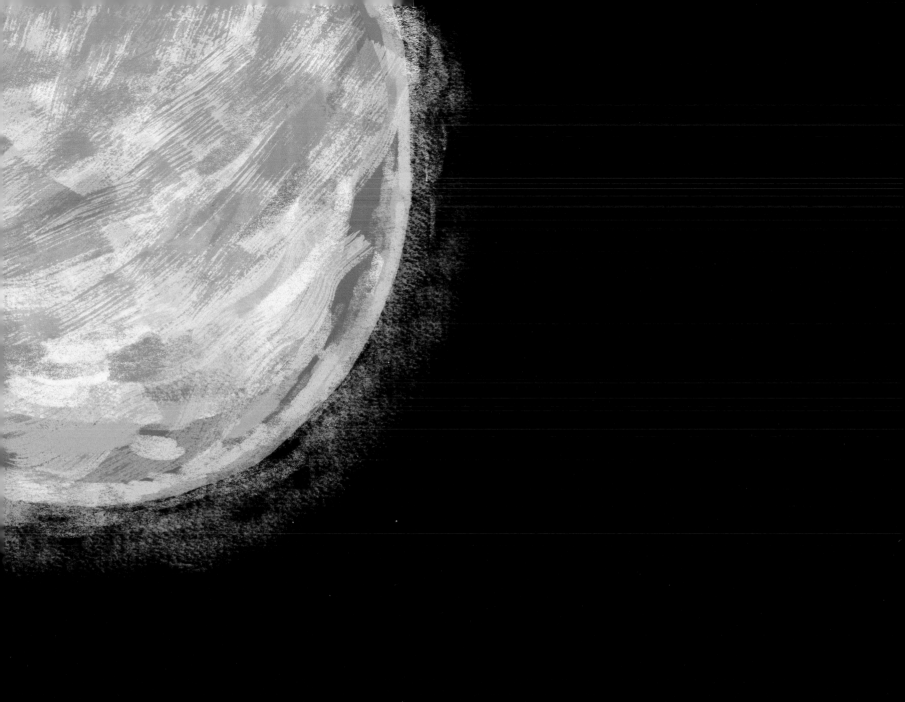

太陽其實是一顆星星。

而整個宇宙，
大約有

1000000000000

OOOOOOOOOOOOO

顆星星。

一千億兆

繞著太陽的是
一顆又藍又綠的星星，
就是我們居住的地球。

地球

它看起來是藍色的，因為有
14000000000000000000000
公升的水覆蓋在上面。

十四億兆

它看起來是綠色的，
因為上面有

3000000000000

棵樹木。

三兆

在地球的背面，
太陽還沒有照到的地方，
你可以看到
像星星一閃一閃的燈光。

那些燈光是來自
2500000座城市、小鎮、
村子的人們……

二百五十萬

有些人正在看書，

就_{ㄐㄧㄡ}像_{ㄒㄧㄤ}「你_{ㄋㄧ}」一_ㄧ樣_{ㄧㄤ}。

有7500000000的人居住在這個地球上。
你想不想知道另外一個祕密？

地球上同時也住著 10000000000000000 隻螞蟻。
最神奇的是，七十五億個人
竟然和一萬兆隻螞蟻一樣重。

但是這全部只占
整個地球的重量——
6000000000000000000000000
公斤重的一小部分而已。

六萬億兆

地球的重量可以將月球緊緊拉住，
讓月球在距離我們380000公里的軌道上
繞著地球運轉。

三十八萬。

這股拉力稱為重力。
重力在你試著跳向月球的時候，
將你拉回地面。

380000公里大約

是繞地球十圈，

或是將大約420000000個你、

四億二千萬

小ㄒㄧㄠˇ狗ㄍㄡˇ、蛇ㄕㄜˊ、
吉ㄐㄧˊ他ㄊㄚ、棒ㄅㄤˋ球ㄑㄧㄡˊ棍ㄍㄨㄣˋ，
從ㄘㄨㄥˊ頭ㄊㄡˊ到ㄉㄠˋ腳ㄐㄧㄠˇ排ㄆㄞˊ起ㄑㄧˇ來ㄌㄞˊ那ㄋㄚˋ麼ㄇㄜˊ長ㄔㄤˊ。

現在請你吸一大口氣，
然後憋氣五秒鐘。

重複做6307200次後，
你就會多了一歲！

六百三十萬零七千二百

就算不這麼做，你也會在 <u>31536000</u> 秒後多了一歲。

三千一百五十三萬六千

這個世界充滿各種神奇的數字，
一個疊著一個組成，
讓我們的世界變得完整。

每場大雷雨
平均下了 1620 兆個
雨滴。

衝浪時
最高的浪有
10 層樓這麼高。

每個人一生平均
可以走 16 萬公里，
差不多是繞地球五圈。

一隻大白鯊約有 300 顆牙齒。
（三歲時的你有二十顆牙，
長大後會有三十二顆）

只有546個人到過外太空。
其中一位美國太空人待最久，
在外太空待了340天。

這個世界大約
至少有370億隻兔子。

世界上最高的
建築物位於杜拜
有828公尺高。

人們在一生當中，可能
吃下32公斤的蟲子，
也可能比這更多……

在你讀完這本書的同時，
書裡的每個數字幾乎都改變了，
可能變得更大，或者更小。

連_{ㄌㄧㄢˊ}天_{ㄊㄧㄢ}上_{ㄕㄤˋ}的_{ㄉㄜ˙}星_{ㄒㄧㄥ}星_{ㄒㄧㄥ}數_{ㄕㄨˋ}量_{ㄌㄧㄤˋ}也_{ㄧㄝˇ}是_{ㄕˋ}。

發射！

你ㄋㄧˇ可ㄎㄜˇ以ㄧˇ在ㄗㄞˋ

10000000000000000000000

顆ㄎㄜ星ㄒㄧㄥ星ㄒㄧㄥ中ㄓㄨㄥ的ㄉㄜ某ㄇㄡˇ個ㄍㄜˋ地ㄉㄧˋ方ㄈㄤ，找ㄓㄠˇ到ㄉㄠˋ某ㄇㄡˇ個ㄍㄜˋ特ㄊㄜˋ別ㄅㄧㄝˊ的ㄉㄜ東ㄉㄨㄥ西ㄒㄧ。

獨ㄉㄨˊ一ㄧ無ㄨˊ二ㄦˋ的ㄉㄜ˙你ㄋㄧˇ

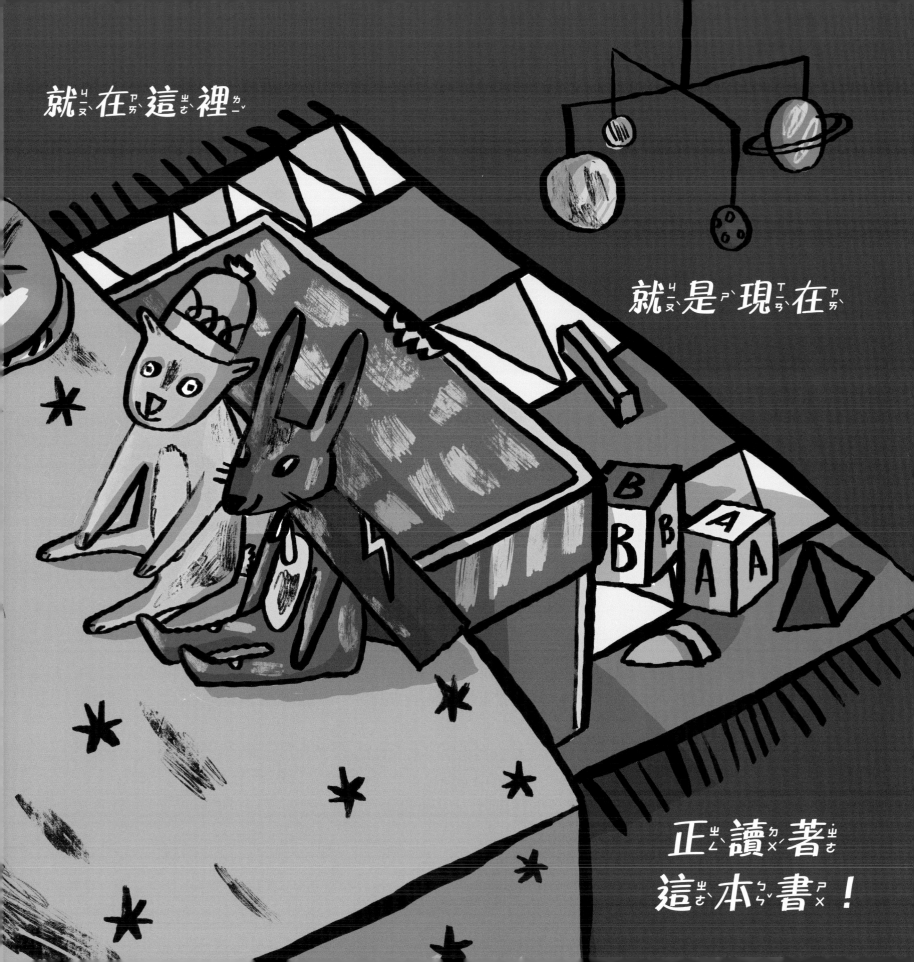

作者數數的祕密

　　我相信你們都很好奇我如何得知這個浩瀚世界關於星星、螞蟻或者雨滴的數字。我當然沒有架起一個天文望遠鏡，對著暗夜星空開始數數。如果我這樣做了，大概要在望遠鏡前度過一生，可能還無法完成。我會知道這些數字的祕密是我透過科學文章、數學、非常聰明的猜測以及天才幫手蘭德爾・門羅的幫忙。

　　這些數字大致接近真實。不過，這當中某些數字的變化是如此快速，要給你一個精確的數字根本是不可能。舉例來說，我們無法得知所有地球上的螞蟻體重和人們一樣。但是我們可以估計，在亞馬遜雨林裡每40公畝的土地上約有三百五十萬隻螞蟻。並透過一些認真的調查、查證、推斷，我們就可以估算出生活在地球上的螞蟻數量是一個很大的數字；而且所有螞蟻加起來的體重應該近似於人類體重總和。同樣的，你也可能吃進一些螞蟻，或是吃了很多不同種的小蟲子——雖然我並不知道精確來說是多少，或者你是不是故意吃的。也許有一隻蒼蠅在你騎車的時候高速竄進你的嘴巴，或者你在晚上睡覺打鼾的時候吞進一隻小蜘蛛。它占了你的一生當中約 32 公斤的重量（大概是一隻黃金獵犬重）。

估算可以幫助你想像大小，以及將一個重要的事實與另一個作比較。這也是為什麼這本書說整個宇宙有「一千億兆顆星星」，而不是「一千一百九十億五千七百七十三萬七千一百八十三兆又四千六百二十三億七百四十九萬一千六百零九顆星星」。我們可以在許多事物上計算出接近正確的數字，足以讓我們了解它們有多大，特別是與我們周圍的世界相比。

真正重要的是：這些龐大的數字無所不在。它們在原子、螞蟻、星星中，將所有事物連接在一起。同樣的，發生在你身上，你是組成眾多星星的其中之一；而太陽，也是一顆星星，同樣有你在其中。所以下次當你凝視著夜晚星空，不要煩惱數著星星，只要看著它們閃爍就好。

| 億兆 | 萬兆 | 兆 | 億 | 萬 | 千、百、十、個 |

10000000000000000000

註1：正式的中文念法，兆以上是京、垓，由於不常使用，為了小朋友閱讀方便，此處改以「萬兆」、「億兆」表示。

註2：因為英文的念法是每 1000 倍會多一個新的數詞，如 thousand, million, billion，但中文是每 10000 倍多一個數詞如萬、億、兆等。為了讓小朋友方便搭配數詞，我們採用臺灣小學的數字表示法，以每 4 位數劃一條底線表示，跟日常的三位數一個逗點有所不同。